第 6 單元

CNC 控制金屬減法加工

吳宗亮　老師

吳宗亮，現任職於國立高雄第一科技大學機械與自動化工程系助理教授。在擔任第一科大機械與自動化系工廠主任之前，所學所教和製造領域並沒有關聯，但此一機會卻讓我這個待在機械領域 20 年的機械人得以完整地跨足了機械的五大領域——設計、固力、熱流、控制和製造。2008 年，從美國華盛頓大學取得博士後，在工業技術研究院任職五年，歷任研究員、研發經理和經理等職務，現為第一科大機械與自動化工程系助理教授，研究興趣包括：工業機器人應用及開發、動態系統振動量測及分析、IOT 感測器開發。

校長序

「創客」（Maker）一詞，近幾年在全球迅速崛起，創客教育更是目前最夯的教育議題，國際競爭力不再僅是技術間的相互競技，而是取決於能產出多少創新能量。想要培養創新能力，第一步就要從校園扎根做起，透過翻轉教學，培育學生主動思考、發掘問題的能力；更重要的是，鼓勵動手實作，並從失敗中汲取成功元素，充分發揮 Maker 精神。

本校自 2010 年轉型為全國第一所創業型大學，致力於培養學生的創新力、實作力、跨域力及就業力，不僅於 2015 年興建完成「創夢工場」、2016 年興建完成「創客基地」，獲教育部指定為「創新自造教育南部大學基地」，成為南台灣創業教育智庫，並於 2016 年得到國際 FabLab (Fabrication Laboratory) 全球 Maker 組織認證，全國僅本校與臺北科技大學兩所大學獲得該認證。同時，也與 180 餘所各級學校及教育局處和民間創客基地代表，於 2016 年簽署「創客教育策略聯盟」，希望能帶動南部自造運動的發展，培養新世代的自造者人才。

為提供完整的創意、創新、創業與創客四創教育，本校除開設「創意與創新學分學程」及「創新與創業學分學程」，並於 104 學年度率全國之先，首將「創意與創新」列為全校共同必修課程。「工欲善其事，必先利其器」，為因應四創教育之教學需求，本校自 2011 年起陸續出版相關教材，包括《創新與創業》、《創業管理》、《創新創業首部曲》、《服務創新》、《方法對了，人人都可以是設計師》等，希望透過這些教材輔助教學，產生事半功倍的效果，讓師生透過案例教學，激發創意與創新思維，並奠定創業的基礎知能。

「跨領域，才搶手」，業界對跨領域人才求才若渴，為了精進跨領域課

程，本校邀集全校 9 位不同專業背景的老師，以「創夢工場」及「創客基地」的實作設備為主，共同合作編撰《創意實作》。目前市面上的書籍大多集中在單一專業，本書則著重在跨領域教學及學習，希望藉由淺顯易懂的方式，講解設備操作步驟，讓讀者能輕鬆學會該單元設備的基本操作及實際練習。本書從創意、創新，延伸到創意實作，是創客教育及跨領域教育必備的一本好書。

　　Maker 是一種精神，一種文化，一種生活態度，更是一種實踐能力。期許本書能成為學習動手實作的最佳幫手，為台灣創客教育貢獻一份心力，也祝福所有勇於追夢、築夢的青年朋友們，能透過本書實踐自己的夢想，創造一個無限可能的未來！

校長 陳振遠 謹識

2018 年 1 月

課程引言

在現今的社會，網路的全球化趨勢，使得國際競爭力不再是技術之間的相互競技，而是在於你能創造出多少的創新能量。當我們思考該如何在這樣的創新世代趨勢中去培養創新能力時，最大的影響力，就是從校園開始向下扎根。透過學校的教育翻轉，讓學生學會思考、學會分享、學會自己發掘問題，更重要的是，學會自己動手實作的態度。

國立高雄第一科技大學率先在 2010 年宣示轉型為「創業型大學」，致力於培育學生「具備創新的特質，以及創業家的精神」，透過課程來落實培育學生具備「創意思維、跨域合作、數位製造、創業實踐」，並於 2016 年 8 月出版了《方法對了，人人都可以是設計師》一書，透過課程的設計來培養學生達到創意思維及跨領域的合作。有鑑於學生在數位製造及創業實踐方面，較缺少動手實作的經驗，本校陳振遠校長集結了 9 位來自不同專業背景的學者專家，透過跨科系、跨專業的方式，共同編撰出以創夢工場的場域設備為主，教你如何動手實作的《創意實作》，書中有 9 個操作單元，包括風靡全球的創客運動、材質色彩資料庫、木工機具操作輕鬆學、基礎金屬工藝、3D 列印繪圖與操作、CNC 控制金屬減法加工、LEGO 運用於多旋翼、遊戲 APP 開發入門，以及在地文化資源的調查方法與應用。9 個單元皆透過由淺入深的介紹，讓讀者可以更輕鬆入門。單元從風靡全球的創客運動開始作介紹，接著進入手工具的手工製作，其中包含了木工機具的操作及金屬工藝的認識，以便了解手作精神的重要性。在學習手作單元之後，才可以進入自動化設備的學習。

了解手工設備的製作後，再開始進行機械自動化的 3D 列印加法加工及

CNC 減法加工的軟體及設備操作。透過前面所包含的手工工藝製作及 3D 加工製作，之後就可以開始強調如何透過控制化程式來驅動動力進行加工。前 7 組單元從造型、結構、機構、邏輯、組裝等動手實作練習之後，第 8 單元也透過現今 APP 市場爆炸性的發展，從中學習如何開發出易上手的 APP 遊戲。

　　課程透過風靡全球的創客運動、手工具的操作、自動化機械設備加工、程式控制帶動馬達、APP 遊戲過程操作，以及在地文化資源的調查方法與應用等 9 個單元，來達到玩中學、學中做的教育翻轉，俾能符應我國技職轉型高教創新的精神，亦能切合本校創業型大學願景培育學生具備創新的特質及熱忱、投入與分享的創業家精神。

　　本書希望能培養更多想成為自造者的年輕學子，透過《創意實作》中所介紹的 9 個由淺入深的實作課程操作練習，讓你我都可以成為這個產業趨勢中的全能自造者，並且訓練自己能擁有更多的技能專長！

單元架構

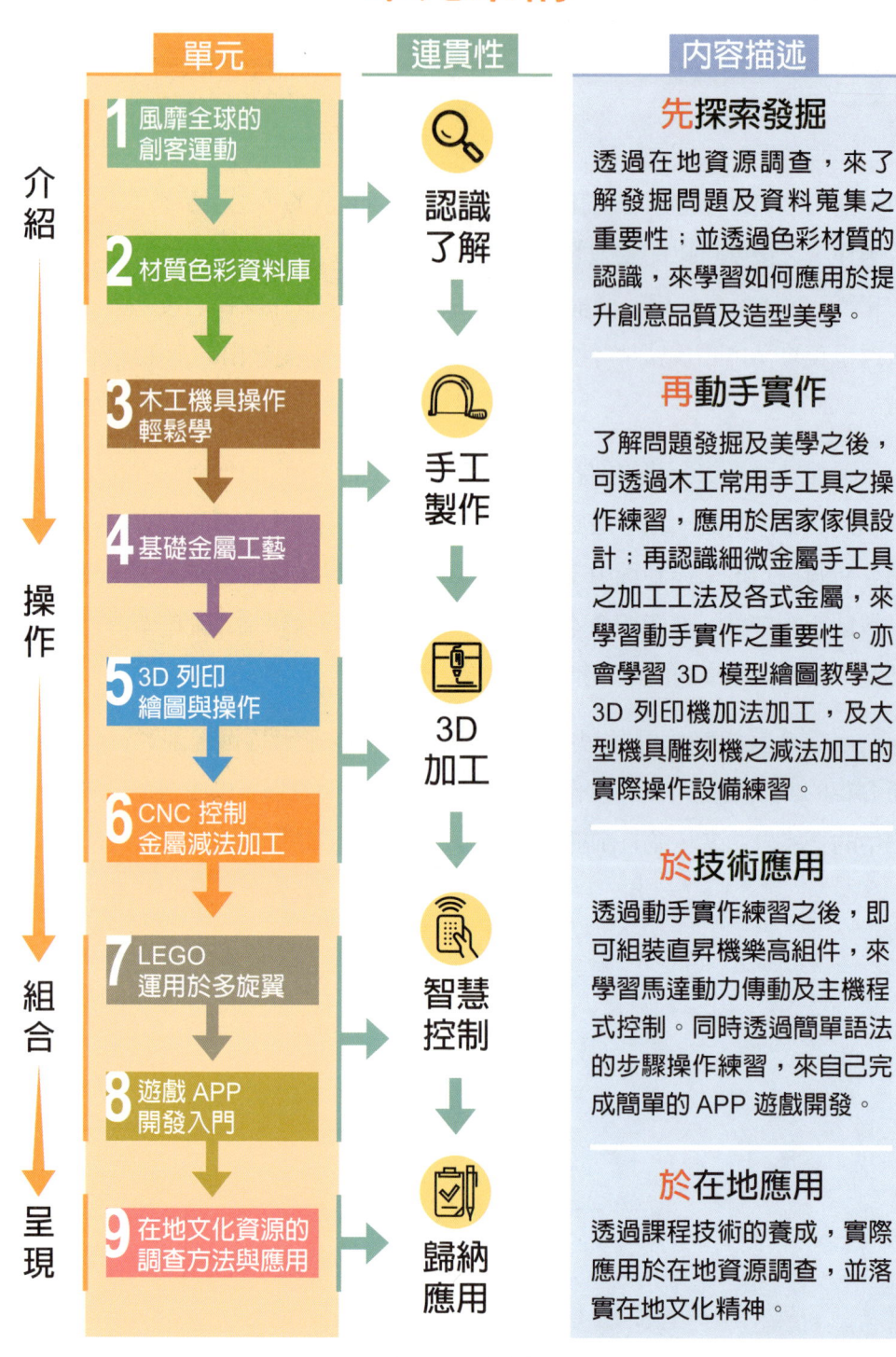

單元	連貫性	內容描述
1 風靡全球的創客運動	認識了解	**先探索發掘** 透過在地資源調查，來了解發掘問題及資料蒐集之重要性；並透過色彩材質的認識，來學習如何應用於提升創意品質及造型美學。
2 材質色彩資料庫		
3 木工機具操作輕鬆學	手工製作	**再動手實作** 了解問題發掘及美學之後，可透過木工常用手工具之操作練習，應用於居家傢俱設計；再認識細微金屬手工具之加工工法及各式金屬，來學習動手實作之重要性。亦會學習 3D 模型繪圖教學之 3D 列印機加法加工，及大型機具雕刻機之減法加工的實際操作設備練習。
4 基礎金屬工藝		
5 3D 列印繪圖與操作	3D 加工	
6 CNC 控制金屬減法加工		
7 LEGO 運用於多旋翼	智慧控制	**於技術應用** 透過動手實作練習之後，即可組裝直昇機樂高組件，來學習馬達動力傳動及主機程式控制。同時透過簡單語法的步驟操作練習，來自己完成簡單的 APP 遊戲開發。
8 遊戲 APP 開發入門		
9 在地文化資源的調查方法與應用	歸納應用	**於在地應用** 透過課程技術的養成，實際應用於在地資源調查，並落實在地文化精神。

介紹 → 操作 → 組合 → 呈現

（圖，單元架構）

緒論

之前第五單元必須學習 3D 繪圖軟體及 3D 列印機設備的加工，而本單元也需透過軟體及設備的操作，且都務必花時間去熟悉操作介面，但 CNC 減法加工製程，則是花更多的時間在機器上的實際操作，相對的安全考量也會比操作 3D 列印時來得更注重，因為不只是操作 CNC 雕刻機而已，還得配合傳統的機器設備手動操作，所以本單元除了注重在 CNC 雕刻機的操作外，更重要的就是尺寸的設定和工程圖的定義。畢竟進入 3D 加工程序的課程，不管是 3D 列印繪圖操作或是 CNC 控制金屬減法加工，在尺寸定義、造型比例及操作，都是要花時間熟悉軟硬體操作，此外，在工廠內的每個人都必須具備充分完整的安全觀念，這也是本單元非常重要的課題。

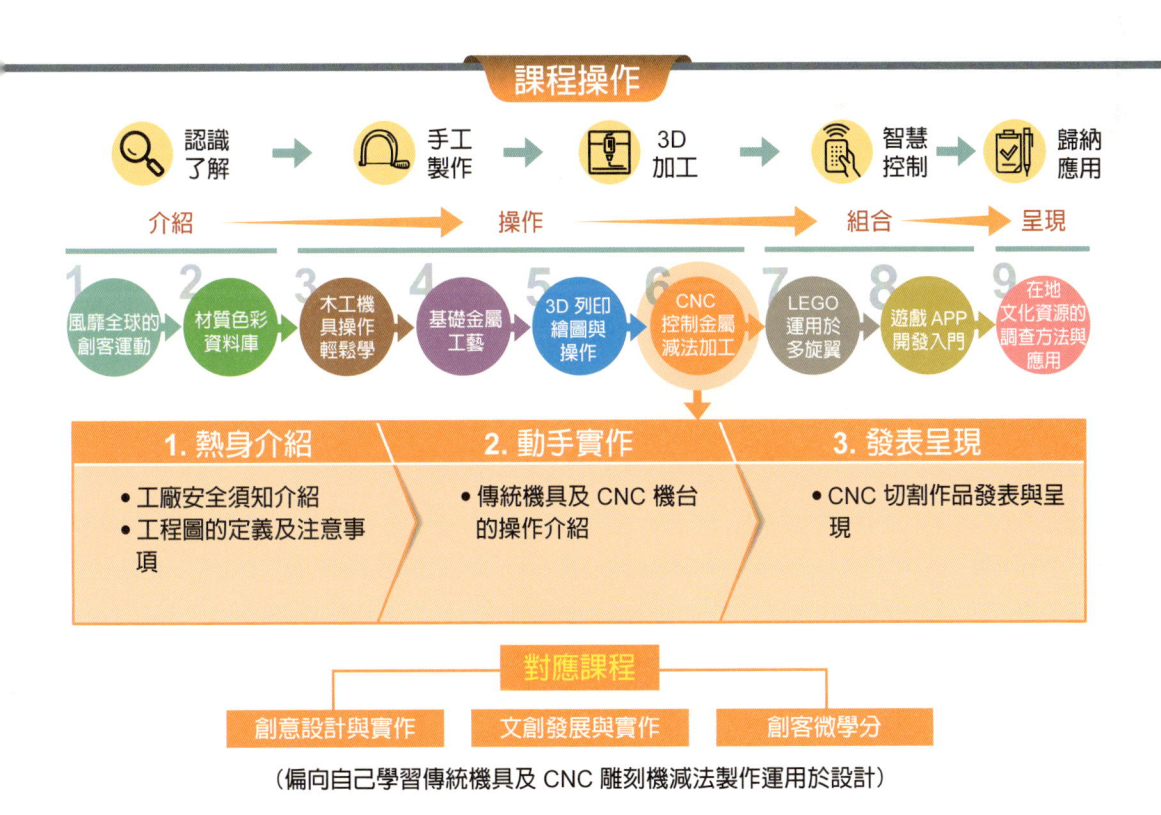

課程操作

認識了解 → 手工製作 → 3D 加工 → 智慧控制 → 歸納應用

介紹　　　　操作　　　　　　　　組合　　　　呈現

1. 風靡全球的創客運動
2. 材質色彩資料庫
3. 木工機具操作輕鬆學
4. 基礎金屬工藝
5. 3D 列印繪圖與操作
6. CNC 控制金屬減法加工
7. LEGO 運用於多旋翼
8. 遊戲 APP 開發入門
9. 在地文化資源的調查方法與應用

1. 熱身介紹
- 工廠安全須知介紹
- 工程圖的定義及注意事項

2. 動手實作
- 傳統機具及 CNC 機台的操作介紹

3. 發表呈現
- CNC 切割作品發表與呈現

對應課程

創意設計與實作　　文創發展與實作　　創客微學分

（偏向自己學習傳統機具及 CNC 雕刻機減法製作運用於設計）

目錄

司長序
校長序
課程引言
單元架構
緒論

6.1 工廠安全 —— 6-2

　　前言 —— 6-2

　　一、一般安全守則 —— 6-2

　　二、手工具工作安全須知 —— 6-3

　　三、機器設備工作安全須知 —— 6-3

　　四、電氣設備工作安全須知 —— 6-4

6.2 如何看懂工程圖 —— 6-5

　　前言 —— 6-5

　　一、名詞解釋 —— 6-6

　　二、公差種類 —— 6-6

　　　　(一) 尺寸公差 —— 6-6

　　　　(二) 形狀公差 —— 6-7

　　　　(三) 位置公差 —— 6-7

　　三、表面特徵 —— 6-8

　　四、表面織構要求事項書寫位置 —— 6-9

6.3 量測工具 —— 6-9

前言 —— 6-9
　　一、鋼尺 —— 6-9
　　二、帶鉤捲尺 —— 6-10
　　三、游標卡尺 —— 6-10
　　四、數字顯示型游標卡尺 —— 6-10
　　五、1/20 游標卡尺原理一 —— 6-11
　　六、1/50 游標卡尺原理一 —— 6-12

6.4　傳統金屬加工設備 —— 6-13
　　前言 —— 6-13
　　一、可替換式碳化物銑刀換刀片 —— 6-14
　　二、銑刀組裝 —— 6-14

6.5　CNC 雕刻機實作流程 —— 6-16
　　CNC 雕刻機 —— 6-16
　　　(一) 使用注意事項 —— 6-16
　　　(二) MDX-40A 如何開機 —— 6-17
　　　(三) 雕刻機功能介紹 —— 6-18
　　　(四) MDX-40A 緊急按鈕介紹 —— 6-18
　　　(五) MDX-40A 按鈕介紹 —— 6-19
　　　(六) MDX-40A 刀具安裝 —— 6-19
　　　(七) 機械平台 —— 6-20

頭髮捲入機器轉動部分。
5. 有人在使用機器時，嚴禁隨意進入危險區內。
6. 靠板、斜角規或導板等輔助器材應適時適當地使用。
7. 機器運轉時，切勿加油、調整速度或修理。
8. 機器在運轉時，發生噪音或故障，應立即關掉電源並通知指導老師處理，不得自行處理。
9. 在操作機器時，偶有機器發生故障，或其他偶發事件，須立即報告指導老師處理。
10. 機器運轉時，如遇停電，應切斷電源，以免恢復供電時，馬達機器等受損害。
11. 修理機器、更換刀具或調整轉速時，應先停止機器之轉動，再行更換。
12. 關閉機械電源之後，須等機器完全停止時，方可離開。
13. 實習完畢，應將機器擦拭乾淨，塗抹機油後，加上防護套，方可離去。

四、電氣設備工作安全須知

1. 通電時，必須通知所有參與工作之人員。
2. 設備通電時，必先查明保護裝置之正確與否。
3. 設備安裝時，必須裝設接地線。
4. 注意電流額定值，勿超載使用。
5. 電線及電器上，絕不可閒置物品。
6. 電器附近不可放置可燃物。
7. 工作時，不得穿潮濕之衣服及釘有鐵釘之鞋子，以防觸電危險。
8. 電氣絕緣物，應避免潮濕及高溫，以免接觸不良。
9. 所有電路開關應採用安全性高之無熔絲開關，閘刀開關不得以銅絲代替保險絲。

10. 工廠內電氣設備發生故障時，非指定人員，一律禁止擅自修理。
11. 檢修電器時，必須查知高壓電之所在，以防觸電。
12. 機器不使用時，應斷其電源。

6.2　如何看懂工程圖

前言

真平度、垂直度、平行度及傾斜度是幾何工差的一部分表示法。幾何尺寸與公差是用來定義幾何形狀的零件和組件，以定義允許偏差可能在形式和規模的個體特點，確定特徵間的允許偏差。標著尺寸規格定義，作為建模或根據預定的幾何形狀。公差規範定義了允許偏差的形式和規模可能是個別的功能，而允許變化的方向和位置與功能。

幾何公差分為形狀公差、方向公差、定位公差與偏轉公差，單一型態的形狀公差如真平度，相關型態的方向公差如垂直度、平行度、傾斜度，真平度、垂直度、平行度及傾斜度之圖示與說明如表 6-1 所示[1]：

表6-1　真平度、垂直度、平行度及傾斜度之圖示與說明

真平度公差		平行度公差	
(圖)	公差區域限制在距離為 t 的兩平行平面間	(圖)	公差區域限制在相距 t，且平行於基準面的兩平面之間
垂直度公差		傾斜度公差	
(圖)	公差區域限制在相距 t，且垂直於基準平面的兩平行平面之間	(圖)	公差區域限制在相距 t，且與基準線表面斜交成標註腳的兩平行平面之間

1　Available: https://zh.wikipedia.org/wiki/%E5%B9%BE%E4%BD%95%E5%B0%BA%E5%AF%B8%E5%92%8C%E5%85%AC%E5%B7%AE

一、名詞解釋

1. **公稱尺寸**：工作圖上表示零件（機件）外形標註之數值，稱為公稱尺寸。
2. **實測尺寸**：零件經製造完成後，經測量而得之尺寸稱之。
3. **極限尺寸**：零件製造時允許之最大尺寸與最小尺寸。
4. **公　　差**：零件製造時允許尺寸有一定差異，即最大尺寸與最小尺寸之差。

二、公差種類

可分為尺寸公差、形狀公差、位置公差。

（一）尺寸公差

　　a. 單向公差

　　b. 雙向公差

　　c. 一般公差

範例：

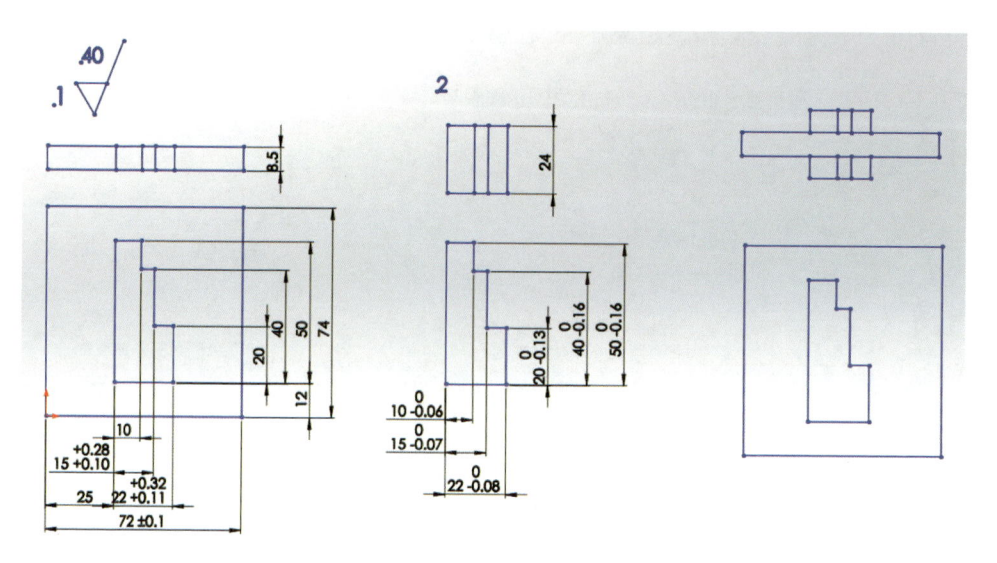

（圖6-1，公差之應用，吳宗亮提供）

圖6-1 上標示之尺寸 72±0.1 mm

公稱尺寸：72 mm。

實測尺寸：經加工完畢量測為 72.06 mm。

極限尺寸：最大極限尺寸 72.1 mm，

　　　　　最小極限尺寸 71.9 mm。

公　　差：0.2 mm。72.1–71.9 ＝ 0.2 mm

單向公差：$15^{+0.28}_{+0.10}$

雙向公差：72±0.1

一般公差：74±0.3

一般公差	
標示長度	公差
0.5 至 3	±0.1
超過 3 至 6	±0.1
超過 6 至 30	±0.2
超過 30 至 120	±0.3

幾何公差依照幾何型態及該公差的標註方式：

1. 一個圓內的面積
2. 兩個同心圓的面積
3. 兩等距離間或兩平行線間的面積
4. 一圓柱體內的空間
5. 兩個同軸線圓柱面間的空間
6. 兩等距平面或兩平行面的空間
7. 一個平行六面體內的空間

(二) 形狀公差

a. 真直度：符號 " ― "

b. 真平面：符號 " ▱ "

c. 真圓度：符號 " ○ "

d. 圓柱度：符號 " ⌭ "

(三) 位置公差

a. 平行度：符號 " ∥ "

b. 垂直度：符號 " ⊥ "

c. 傾斜度：符號 " ∠ "

d. 同心度：符號 " ◎ "

三、表面特徵

當有必要補充說明表面織構特徵時,就得在基本符號和延伸符號之長邊加一水平線。表面織構的完整符號可用以說明表面織構特徵,如表 6-2 [2]:

表6-2 表面織構完整符號

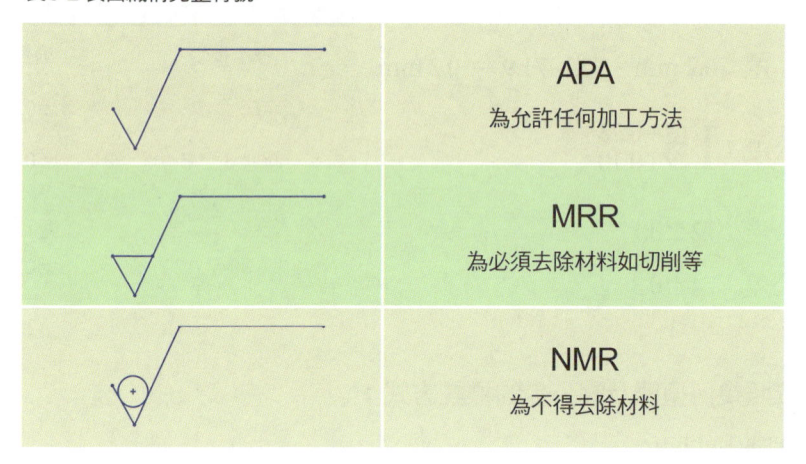

符號	說明
	APA 為允許任何加工方法
	MRR 為必須去除材料如切削等
	NMR 為不得去除材料

當工件輪廓所有表面具有相同的構織的時候,就需要在完整符號中加上一個圓圈,如圖6-2 所示。如果環繞的標註會使任何不清楚時,每個表面都必須個別標註,如圖6-3 所示 [3]:

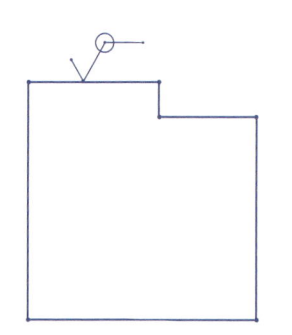

(圖6-2,對所有 6 個平面之表面織構要求以工件輪廓表示,吳宗亮提供)

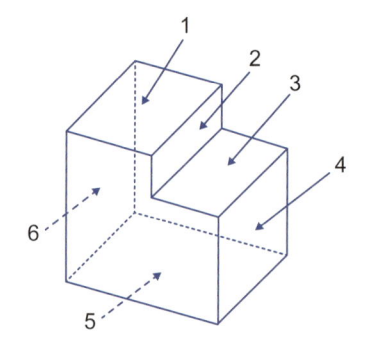

(圖6-3,工件輪廓所有表面有相同織構時之表示,吳宗亮提供)

---

2 Available: http://www.pmai.tnc.edu.tw/df_ufiles/df_pics/10-2.pdf

3 Available: http://home.phy.ntnu.edu.tw/~eureka/contents/elementary/chap%201/1-3.htm

四、表面織構要求事項書寫位置

為了確保對表面織構之要求,除了標註表面織構參數和數值外,必要時應增加特別要求事項,如:傳輸波域、取樣長度、加工方法、表面紋理和方向,及加工裕度等。必須依照規定將其標註於符號中的特定位置,如圖6-4。

說明:
a:標註單一表面織構的要求
b:標註兩個或更多表面織構的要求
c:標註加工方法或相關資訊
d:標註表面紋理和方向
e:標註加工裕度

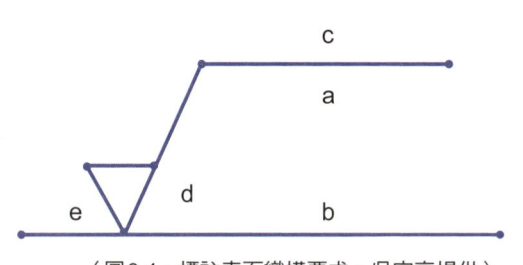

(圖6-4,標註表面織構要求,吳宗亮提供)

6.3　量測工具

前言

測量所用的設備可分為兩大類,及測定儀器及量規。量具的選用在測量上是非常的重要。如何選用適當的量具去測量工件的精密度,是機械操作人員必須注意的。而最基本的刻度量具為尺,尺依其形式及用途有鋼尺、鋼捲尺或帶鉤捲尺。

一、鋼尺

不鏽鋼材料,表面精鍍鉻處理,鋼尺上刻有公制、英制二種刻度(圖6-5)。

(圖6-5,鋼尺,吳宗亮提供)

二、帶鉤捲尺

　　由鋼皮製成，不用時可捲入收藏盒中。最常用者為 3M、5M。常用於大尺寸的測量，或機器的安裝定位 (圖6-6)。

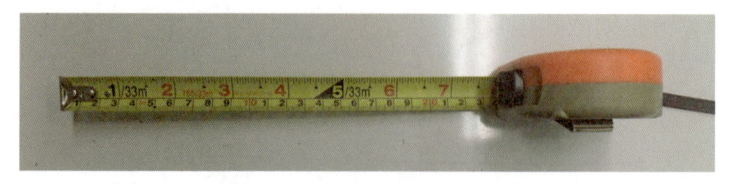

（圖6-6，帶鉤捲尺，吳宗亮提供）

三、游標卡尺

　　又稱為游標尺或直游標尺，尺上刻有公制、英制二種刻度 (圖6-7)。

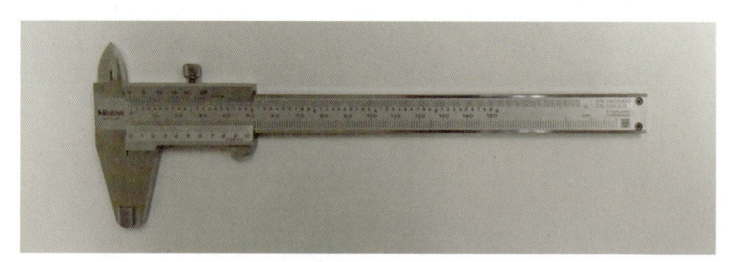

（圖6-7，游標卡尺，吳宗亮提供）

四、數字顯示型游標卡尺

　　本尺為光學尺，游尺為液晶螢幕所組成，測量時可直接讀出所測量的數值 (圖6-8)。

（圖6-8，數字顯示型游標卡尺，吳宗亮提供）

游標卡尺如圖6-9由主尺和附在主尺上能滑動的游標兩部分構成。主尺一般以毫米為單位。根據分格的不同，游標卡尺可分為十分度游標卡尺、二十分度游標卡尺、五十分度格游標卡尺等[4]。

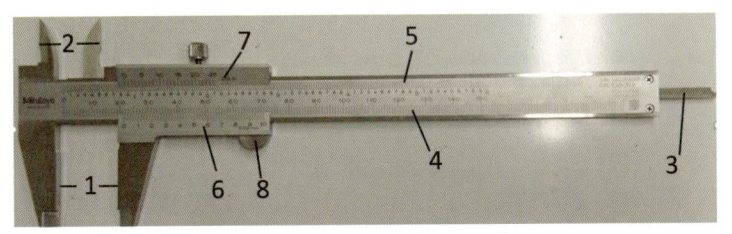

（圖6-9，游標卡尺，吳宗亮提供）

各部位名稱：
1. 外測定面　　2. 內測定面　　3. 深度桿　　4. 主尺（cm）
5. 主尺（in）　6. 副尺（cm）　7. 副尺（in）　8. 推扣

五、1/20 游標卡尺原理一[5]

本尺每分度為 1 mm；游尺取本尺 39 分度長等分為 20 分度，每分度 = 1×39×1/20=39/20=1.95 mm。則本尺 2 分度與游尺 1 分度相差 1×2−1.95= 0.05=1/20 mm（圖 6-10）。

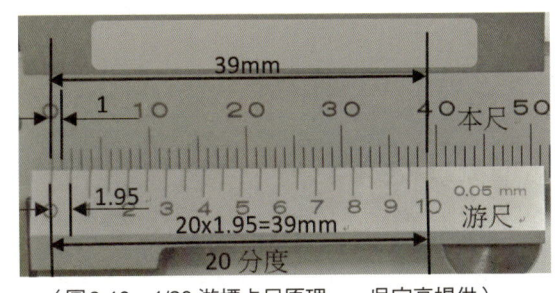

（圖6-10，1/20 游標卡尺原理一，吳宗亮提供）

---

4 Available: https://zh.wikipedia.org/wiki/%E5%B9%BE%E4%BD%95%E5%B0%BA%E5%AF%B8%E5%92%8C%E5%85%85AC%E5%B7%AE

5 蔡德藏，《工廠實習 - 機工實習》，頁 47-54, 2013 年。

如圖6-11讀數法為游尺之0分度線對準本尺21～22 mm間,游尺第7格（如●所示）對準本尺某一分度線,則其讀數為21＋0.05×7＝21.35 mm。

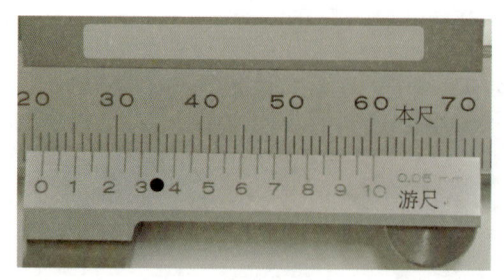

（圖6-11,1/20 游標卡尺讀數法之一,吳宗亮提供）

六、1／50 游標卡尺原理一[6]

本尺每分度為1 mm；游尺取本尺49分度長等分為50分度,每分度＝1×49×1/50＝49/50＝0.98 mm。本尺與游尺每分度相差1−0.98＝0.02＝1/50 mm（圖6-12）。

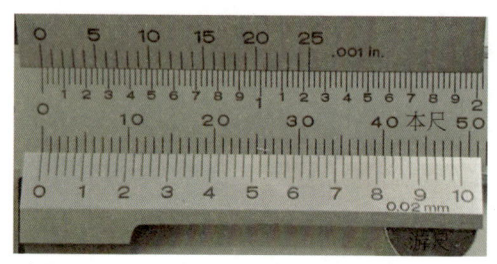

（圖6-12,1/50 游標卡尺原理一,吳宗亮提供）

如圖6-13讀數為37.36 mm。

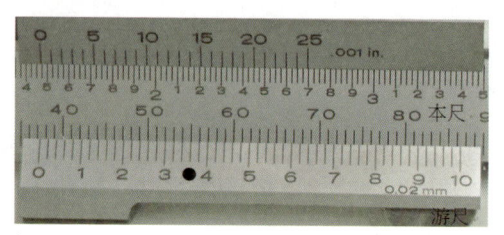

（圖6-13,1/50 游標卡尺讀數法之一,吳宗亮提供）

---

6 蔡德藏,《工廠實習 - 機工實習》,頁 47-54, 2013 年。

常用游標卡尺有 $\frac{1}{20}$ mm、$\frac{1}{50}$ mm，其精度視實際需要而選用。或選用數字顯示型游標卡尺、針盤型游標卡尺。利用游標卡尺可量取內外徑、內外長度、深度測量及階級長度測量等應用。

6.4　傳統金屬加工設備

前言

　　車床及銑床是利用刀具迴轉對進工件做切削的工具機，可做平面、階級、形狀、曲面、齒形等加工。傳統工具機中，車床、銑床是工作範圍中最廣泛的工具機，切削效率很高，是機械加工廠不可或缺的（圖6-14）。

立式銑床：
1. 煞車
2. 開關（正逆轉）
3. 銑刀
4. X軸移動
5. Y軸移動
6. Z軸移動
7. Z軸固定
8. 虎鉗

（圖6-14，立式銑床，吳宗亮提供）

一、可替換式碳化物銑刀換刀片

1. 利用六角板手將刀片鬆開（圖6-15）。
2. 將刀片取出更換新刀片（圖6-16）。
3. 將刀片更換後再鎖固即可。

（圖6-15，鬆開刀片，吳宗亮提供）

（圖6-16，更換刀片，吳宗亮提供）

二、銑刀組裝

1. 先將銑刀與襯套組裝起來（圖6-17）。
2. 將襯套鎖在刀桿上（圖6-18）。
3. 利用鉤型板手鎖緊，鎖緊時要拉住煞車，避免轉動（圖6-19）。

（圖6-17，銑刀與襯套組裝，吳宗亮提供）

（圖6-18，襯套鎖在刀桿上，吳宗亮提供）

（圖6-19，銑刀鎖緊，吳宗亮提供）　　（圖6-20，工件夾持方式，吳宗亮提供）

(1) 工件夾持方式：利用平行塊將工件墊高，避免傷害到虎鉗（圖6-20）。
(2) 三爪定心車床（圖6-21）：

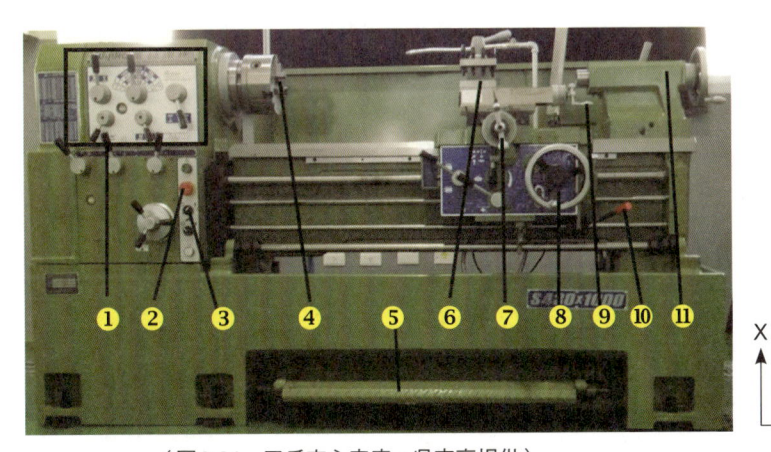

（圖6-21，三爪定心車床，吳宗亮提供）

各部位名稱：
1. 轉速調整　　2. 緊急開關　　3. 電源　　4. 夾頭
5. 煞車　　6. 刀座　　7. X軸移動　　8. Z軸移動
9. 刀座移動　　10. 開關（正逆轉）　11. 尾座

6-15

創意實作 ▶ CNC 控制金屬減法加工

（圖6-22，刀具組裝，吳宗亮提供） 　　（圖6-23，工件夾持，吳宗亮提供）

(3) 刀具組裝：將刀具放置於刀座上，並將刀具鎖緊（圖6-22）。

(4) 工件夾持：將工件固定後，利用夾頭板手將夾頭鎖緊（圖6-23）。

6.5　CNC 雕刻機實作流程

CNC 雕刻機

(一) 使用注意事項

1. 安全第一，若有任何情況，請按下緊急停機鈕（右上角紅色按鈕）或求助技工和專業人員。
2. 工作中請確定安全蓋（門）要關上。
3. 三軸雕刻機以加工塑膠件為主，請勿加工鋁等金屬材料，若有需要，請事先申請並請技工評估是否合宜。
4. 加工時，務必在工件材料底部墊一塊底板（木板或塑膠板）以避免傷及機械平台。

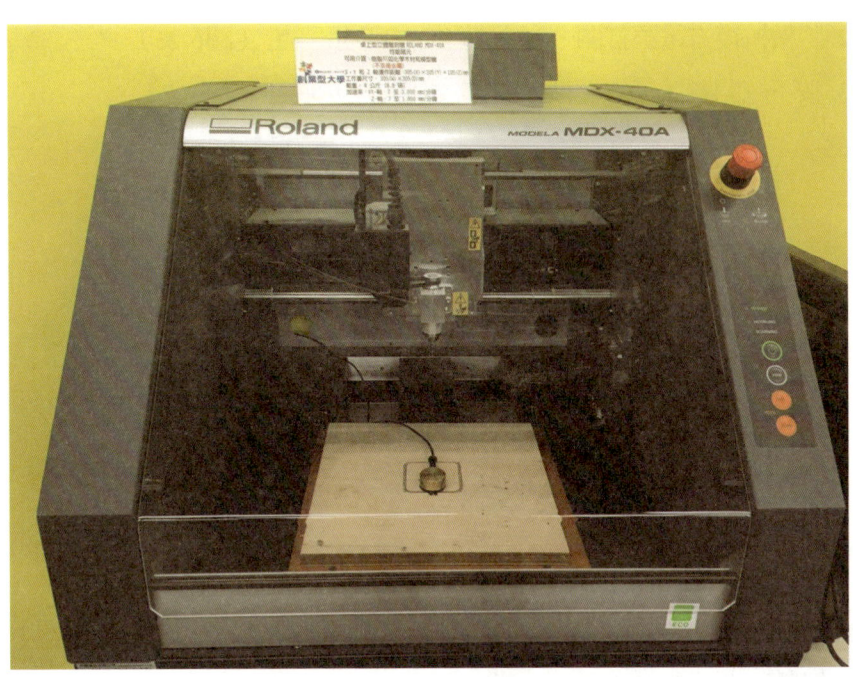

（圖6-24，CNC 雕刻機，吳宗亮提供）

5. 機械運轉中，請勿使用刷子清理工件和量測工件尺寸。
6. 加工刀軌若未完成執行就加工完成，完畢之後要確實將加工機內的程式移除，以免又誤觸開始鍵造成危險。
7. 使用完畢後，請將加工切屑清理乾淨，工具物歸原處，以便後續同學使用。

(二) MDX-40A 如何開機

1. 先將安全外蓋蓋上如圖6-25（因外蓋裝有感應器，若外蓋沒蓋上，機台是不會運作的）。

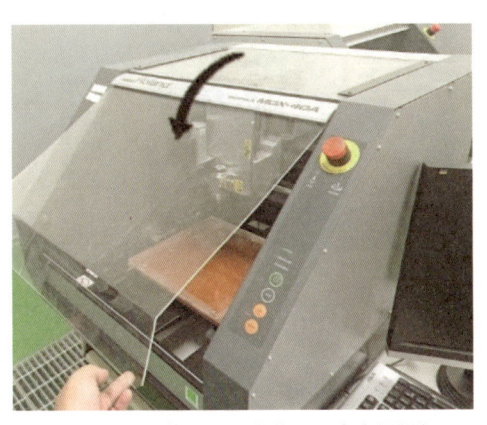

（圖6-25，蓋上安全外蓋，吳宗亮提供）

6-17

創意實作 ▶ CNC 控制金屬減法加工

2. 將機械後方電源打開，並等待 POWER 燈亮起（圖6-26）。
3. 按下總開關並等待機械回歸機械原點方可使用（圖6-27）。

（圖6-26，打開電源，吳宗亮提供） 　　（圖6-27，按下開機鍵，吳宗亮提供）

(三) 雕刻機功能介紹（圖6-28）

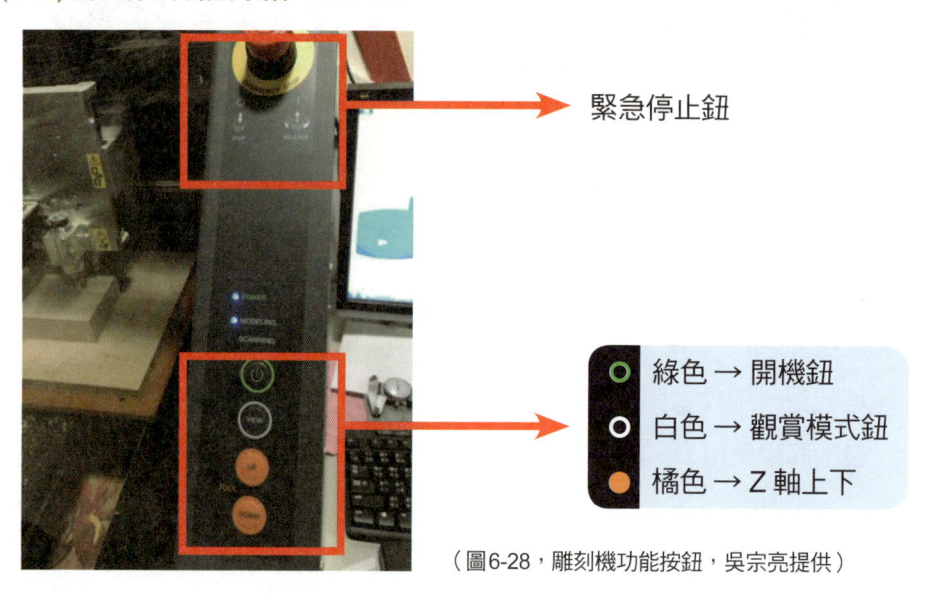

緊急停止鈕

綠色 → 開機鈕
白色 → 觀賞模式鈕
橘色 → Z 軸上下

（圖6-28，雕刻機功能按鈕，吳宗亮提供）

(四) MDX-40A 緊急按鈕介紹

緊急停機鈕：加工時，若發生緊急意外，或機台出現異常，立即用緊急停機鈕關閉機台（圖6-29）。

6-18

1. 發生緊急事故時，直接按壓機台右上方的紅色緊急停機鈕，可立即停止機台。
2. 若要解除緊急停機狀態，須先關閉機台後方總電源後，再將緊急停機鈕以順時針方向旋開，再重新開機即可。

(五) MDX-40A 按鈕介紹

1. 暫停鍵用法：在加工途中按下 VIEW 鍵會停止加工，並自動將機械平台移動到外蓋以便加工者觀察加工狀況，再按住 VIEW 鍵 2～3 秒，就會繼續回到加工程序。

（圖6-29，緊急停機鈕，吳宗亮提供）

2. 清除程式：若加工發生問題，需要重新輸入加工參數，或修改程式時，同時並長按 UP 和 DOWN 鍵五秒以上，可清除當前的機台程式。
3. 加工刀軌若未完成執行就加工，完畢時，務必使用清除程式功能將加工機內的程式清掉，避免又誤觸開始鍵，造成危險。
4. 加工途中，若是發現工件異狀或加工異常，可以使用 VIEW 鍵功能，先暫時停止加工，並檢查是否有誤，因為如果使用緊急停機鈕將會重新開機，並將目前程式和進度記錄全部洗掉，造成加工困擾。

(六) MDX-40A 刀具安裝

1. 將刀具裝入適當尺寸的夾套中，夾套尺寸以該刀具刀柄尺寸為主，實習使用直徑 3 mm 或 4 mm，長為 50 mm 的端銑刀，凸出適當長度，3 mm 刀具凸出約 15 mm，4 mm 刀具凸出約 20 mm，並因工件厚度而有調整（圖6-30）。

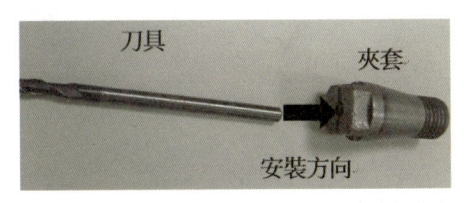

（圖6-30，MDX-40A 刀具安裝，吳宗亮提供）

6-19

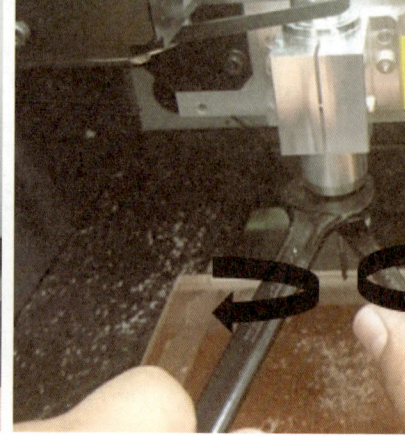

創意實作 ▶ CNC 控制金屬減法加工

（圖6-31，鎖上主軸，吳宗亮提供）　（圖6-32，利用板手鎖上主軸，吳宗亮提供）

2. 將裝有刀具的夾套，先用手稍微鎖上主軸如圖6-31，並注意刀具凸出長度是否改變。

3. 利用兩支板手如圖6-32，上方是 17 號板手，以順時針旋轉，下方是 10 號板手，以逆時針旋轉，將夾套鎖上主軸。

(七) 機械平台（圖6-33）

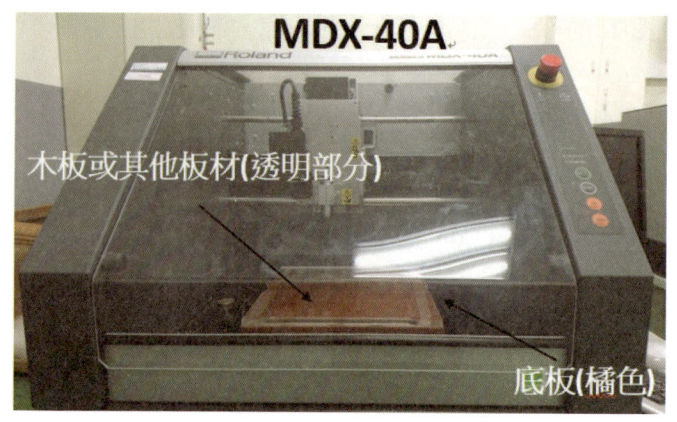

（圖6-33，機械平台，吳宗亮提供）

6-20

1. Roland VP 介面功能介紹（圖6-34）：

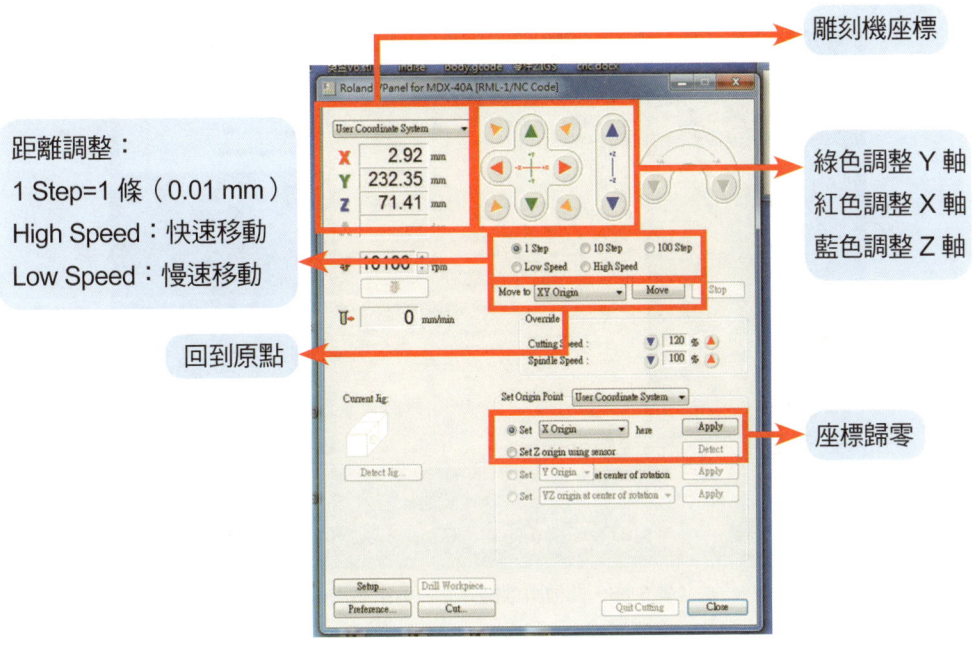

距離調整：
1 Step=1 條（0.01 mm）
High Speed：快速移動
Low Speed：慢速移動

回到原點

雕刻機座標

綠色調整 Y 軸
紅色調整 X 軸
藍色調整 Z 軸

座標歸零

（圖6-34，介面功能介紹，吳宗亮提供）

2. 操作步驟：

(1) SolidWorks 輸出格式為 STL, Dxf, IGES（圖6-35）。

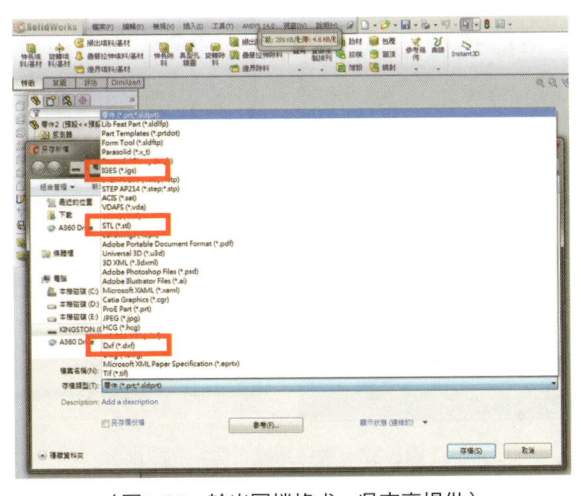

（圖6-35，輸出圖檔格式，吳宗亮提供）

6-21

(2) 開啟雕刻機介面（圖6-36）。

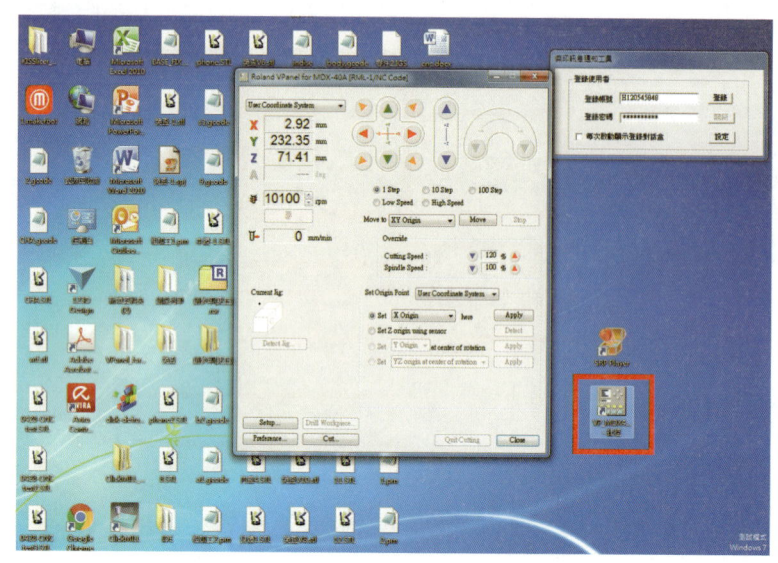

（圖6-36，開啟雕刻機介面，吳宗亮提供）

(3) 選擇使用者座標系統，選擇 User Coordinate System（圖6-37）。

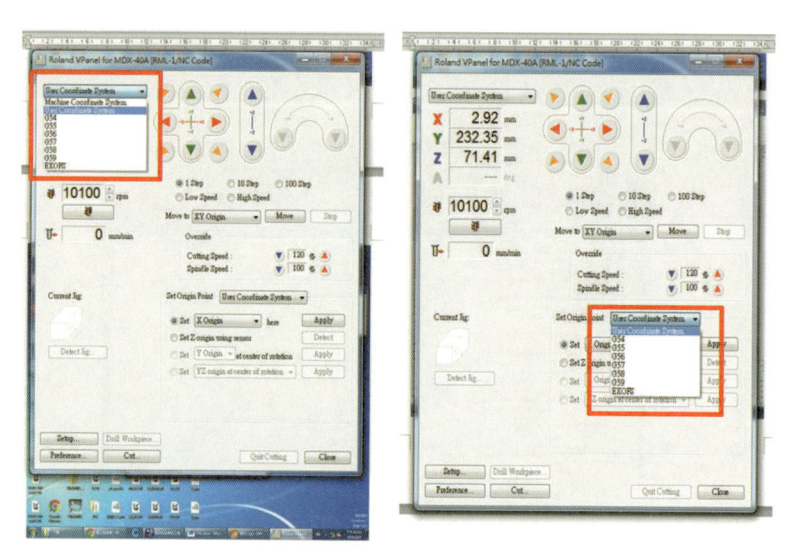

（圖6-37，選擇系統，吳宗亮提供）

6-22

(4) 工件正面畫叉,找出中心點(圖6-38)。

(圖6-38,找中心點,吳宗亮提供)

(5) 工件後面貼上雙面膠固定(圖6-39)。

背面黏上雙面膠　　　　　與雕刻機平行

(圖6-39,固定工件,吳宗亮提供)

(6) 用 Roland VP 介面校正零點(X、Z、Y零點,刀具起始位置)(圖6-40)。

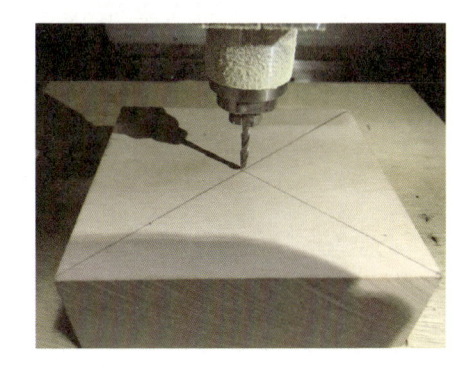

(圖6-40,歸零點位置,吳宗亮提供)

6-23

創意實作 ▶ CNC 控制金屬減法加工

● X、Y 軸歸零：

調整 X、Y 到交叉點後，設定 XY Origin 按 Apply，讓 X、Y 變成零（圖6-41、圖6-42）。

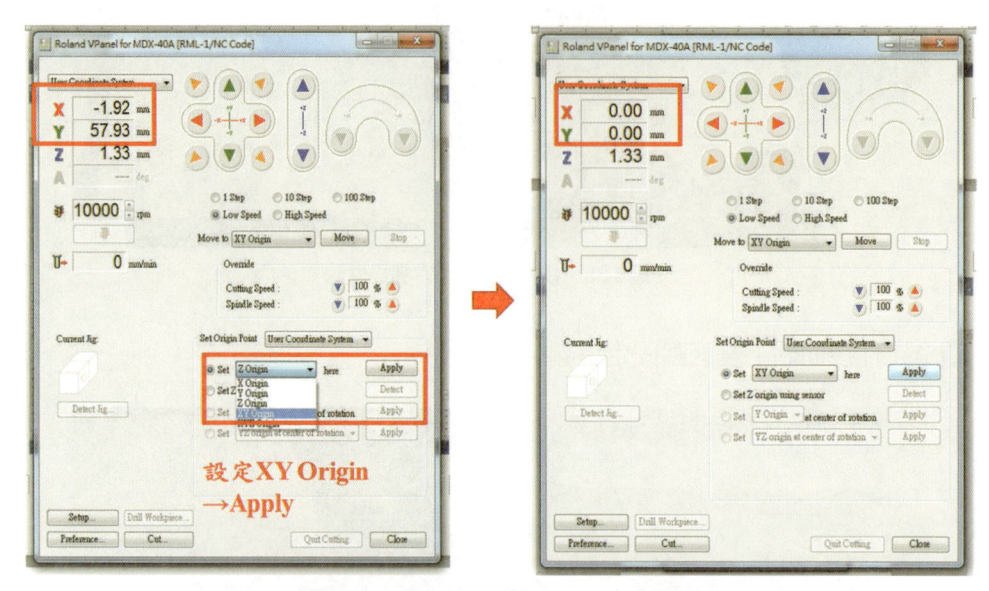

（圖6-41，設定 X、Y 軸歸零，吳宗亮提供）

（圖6-42，X、Y 歸零雕刻機圖示，吳宗亮提供）

● Z 軸歸零：

選擇 using sensor 之後按 Detect 完成 Z 軸歸零（圖6-43、圖6-44）。

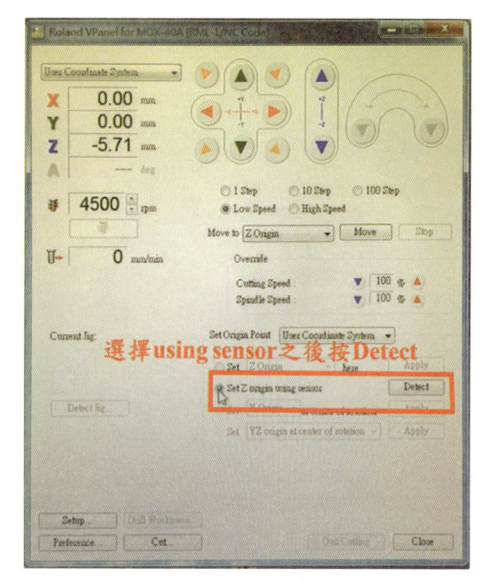

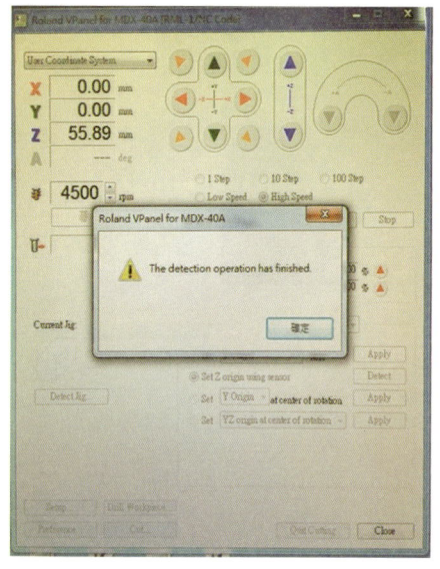

（圖6-43，設定 Z 軸歸零，吳宗亮提供）

（圖6-44，Z 歸零雕刻機圖示，吳宗亮提供）

創意實作 ▶ CNC 控制金屬減法加工

(7) 設定完成後打開 SRP Player& 開啟設計圖檔案（圖6-45）。

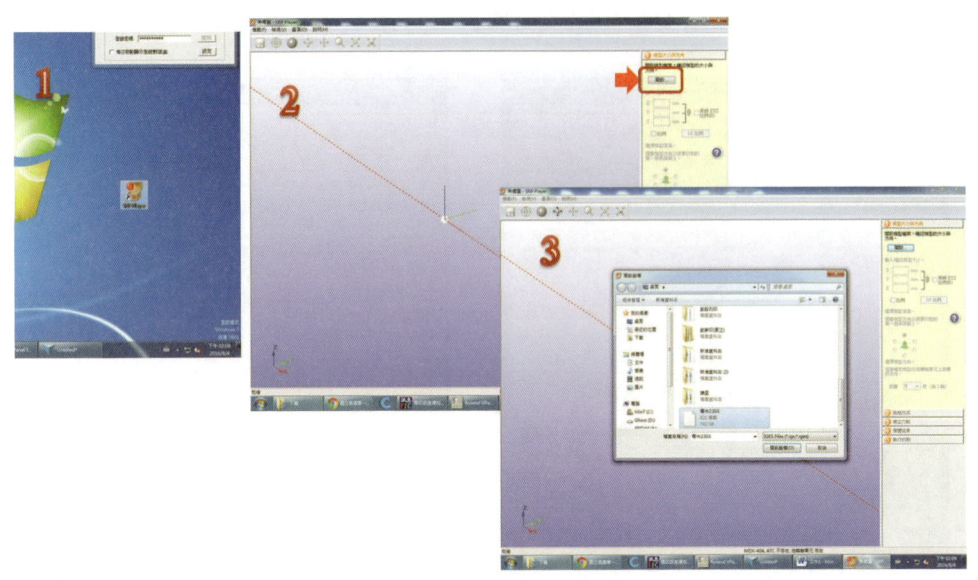

（圖6-45，開啟設計圖，吳宗亮提供）

(8) 設定欲切割模型大小與方角（圖6-46）。

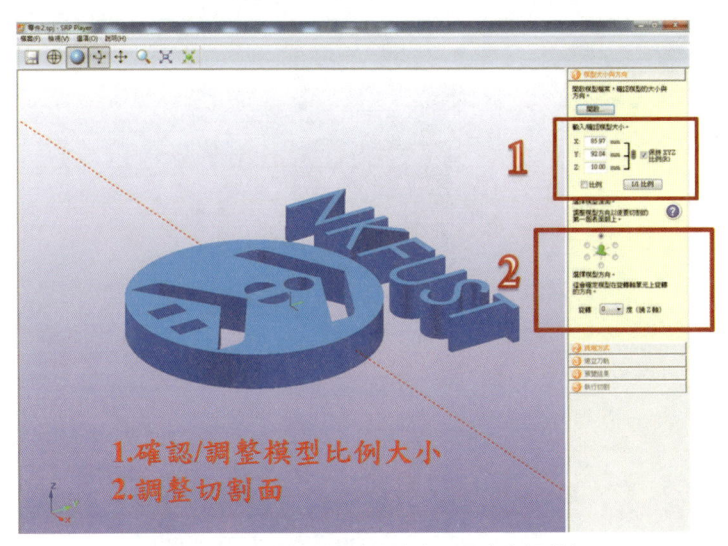

（圖6-46，設定模型大小及方角，吳宗亮提供）

6-26

(9) 設定加工方式 & 工件材料 & 建立刀軌（圖6-47）。

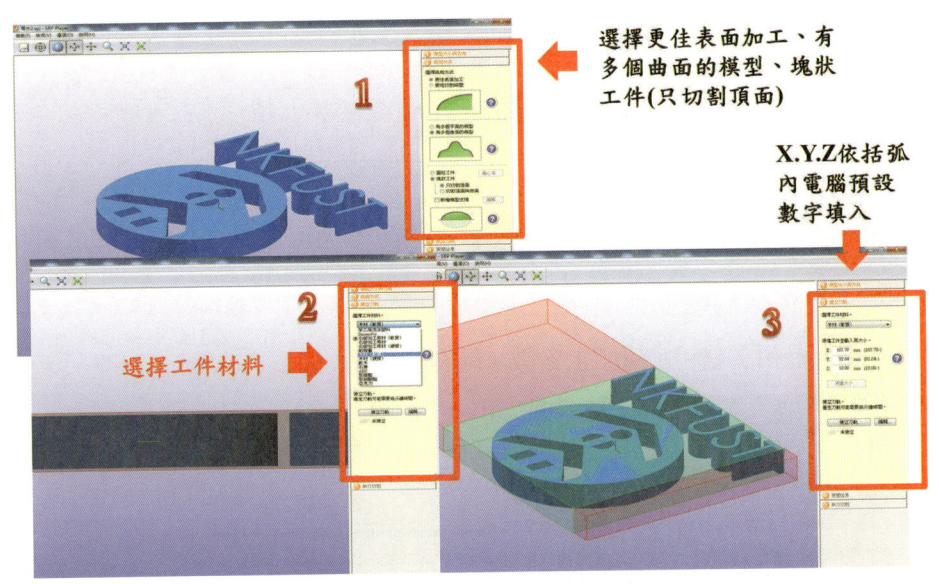

選擇更佳表面加工、有多個曲面的模型、塊狀工件(只切割頂面)

X.Y.Z依括弧內電腦預設數字填入

選擇工件材料

（圖6-47，設定材料以及加工方式，吳宗亮提供）

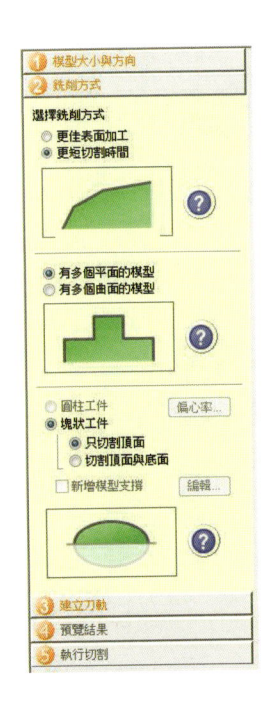

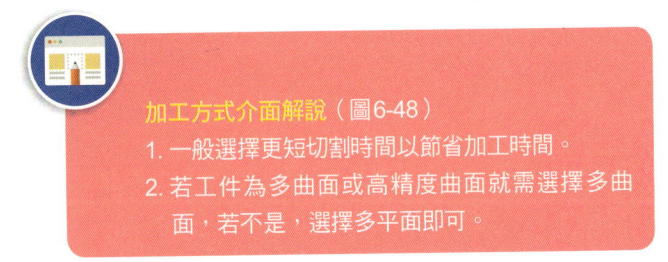

加工方式介面解說（圖6-48）
1. 一般選擇更短切割時間以節省加工時間。
2. 若工件為多曲面或高精度曲面就需選擇多曲面，若不是，選擇多平面即可。

（圖6-48，加工方式介面，吳宗亮提供）

6-27

創意實作 ▶ CNC 控制金屬減法加工

建立刀軌介面解說
1. 依照實際的材料選擇材料，工件材料不能有纖維。
2. 此區顯示板材的尺寸為加工時最小的加工原料尺寸。
  - SRP 中，X、Y 軸原點預設在工件中間（不能更改），所以 Vpanel 設定 X、Y 軸原點時，需盡量與 SRP 一致，否則加工路徑會偏移，甚至跑出工件外！
  - SRP 中，Z 軸原點在工件的正中央（如圖6-49），而 Vpanel 設定的 Z 軸原點在工件上表面，這差異在雕刻機內部會自行判斷，不需額外調整。

(10) 進入編輯調整粗 / 精加工參數（圖6-49、圖6-50）。

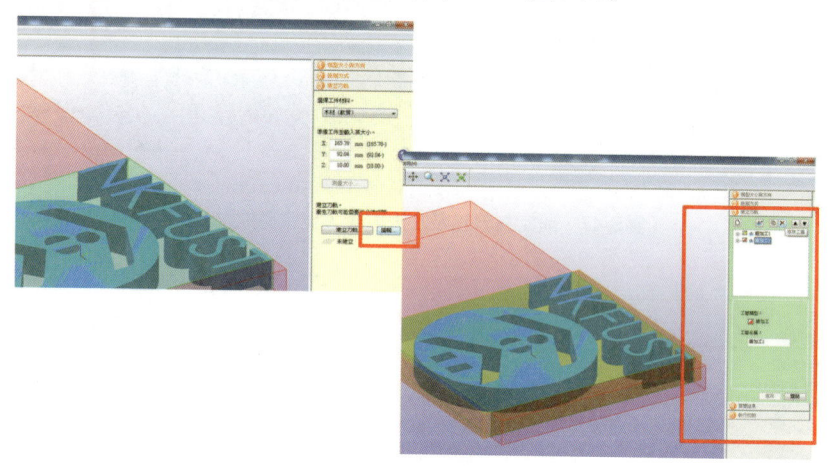

（圖6-49，編輯加工參數，吳宗亮提供）

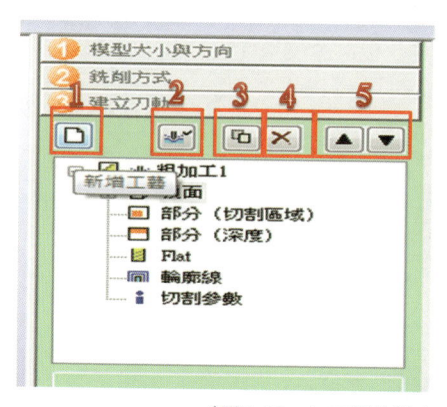

1. 新增粗 / 精加工
2. 選擇是否切割
3. 複製加工
4. 刪除加工
5. 調整加工順序

（圖6-50，加工順序設定，吳宗亮提供）

6-28

(11) 調整參數

- 粗加工是用於原料尺寸遠大於工件尺寸時，大量快速除料的方法，在三軸雕刻裡，若原料厚度遠大於工件厚度時，就可用粗加工快速的將原料加工成接近工件厚度的尺寸。例如，原料板為 6 mm 厚，但是工件為 4 mm 厚，這時就可以利用粗加工將這 2 mm 的原料整面移除，加快加工速度。

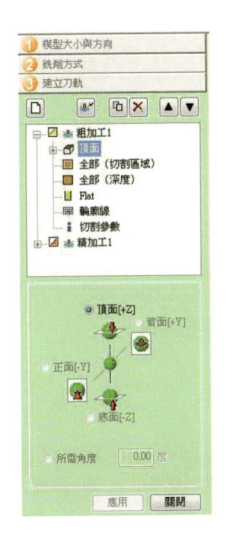

頂面（圖6-51）
因為沒加裝第四軸，所以選擇切割頂面。
注意：板材若與工件同厚度，就不需粗加工，只用精加工去切割即可，可節省時間。

（圖6-51，頂面加工設定，吳宗亮提供）

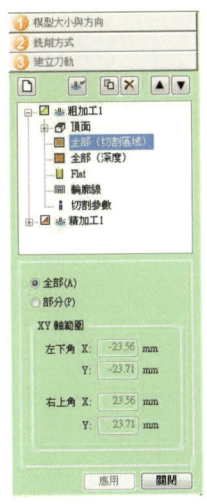

切割區域（圖6-52）
因為要將整面移除，所以選擇「全部」，也可以利用「部分」將特定區域原料除去。

（圖6-52，設定切割區域，吳宗亮提供）

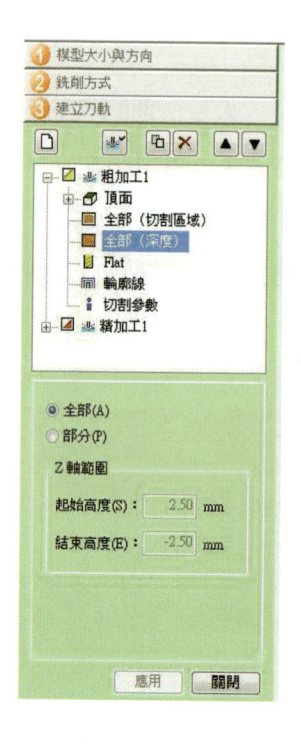

創意實作 ▶ CNC 控制金屬減法加工

切割深度（圖6-53）

在加工時，可利用 Z 軸範圍調整切割深度，一般會在 SRP 內設定留大概 0.15 mm 的厚度不全切（如圖6-54），因為當接近切穿時，會產生很大的振動，而造成工件剝離噴飛，或是刀具損壞，所以留下此底厚，雕刻完成，再利用其他手工具移除多餘的材料即可。

（圖6-53，設定切割深度，吳宗亮提供）

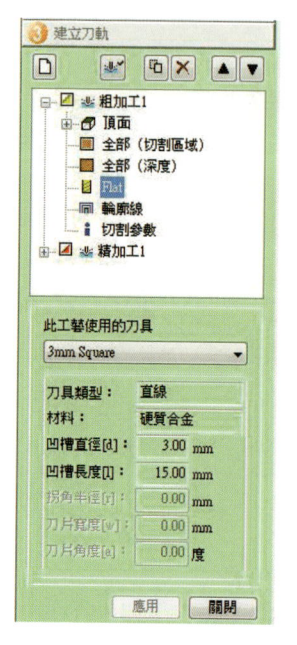

Flat（圖6-54）

選擇刀具，工廠的應都為 2 mm 和 3 mm 的 Square 刀（端銑刀）以及 R1.5 mm 球銑刀，所以在使用前請確認。

（圖6-54，設定刀具，吳宗亮提供）

切割參數（圖6-55）

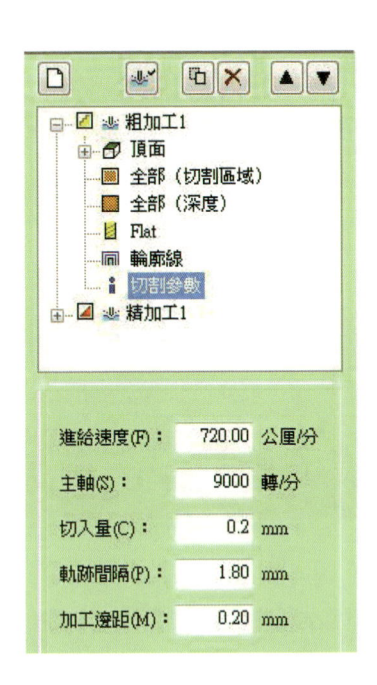

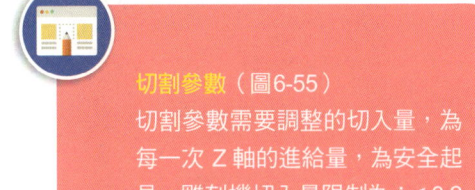

切割參數需要調整的切入量，為每一次 Z 軸的進給量，為安全起見，雕刻機切入量限制為：≤ 0.2 mm，其他數值不要調整。

（圖6-55，設定切割參數，吳宗亮提供）

● 精加工為加工成工件的最後步驟，是精度最高的部分。

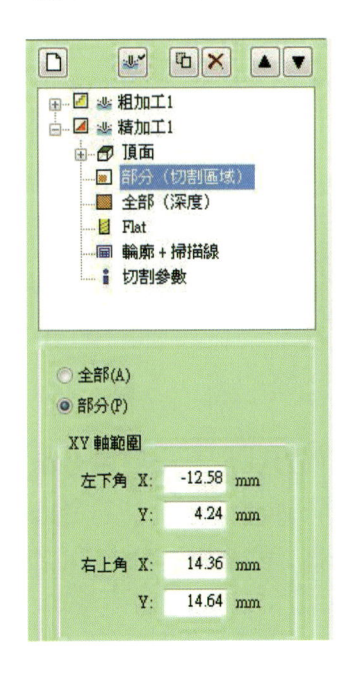

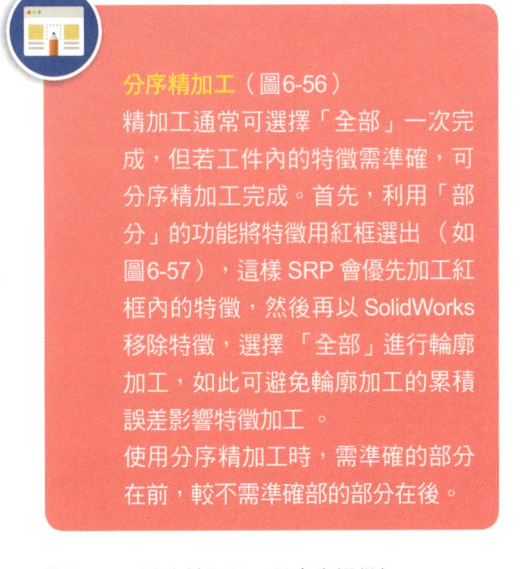

分序精加工（圖6-56）

精加工通常可選擇「全部」一次完成，但若工件內的特徵需準確，可分序精加工完成。首先，利用「部分」的功能將特徵用紅框選出（如圖6-57），這樣 SRP 會優先加工紅框內的特徵，然後再以 SolidWorks 移除特徵，選擇「全部」進行輪廓加工，如此可避免輪廓加工的累積誤差影響特徵加工。

使用分序精加工時，需準確的部分在前，較不需準確部分的部分在後。

（圖6-56，設定精加工，吳宗亮提供）

創意實作 ▶ CNC 控制金屬減法加工

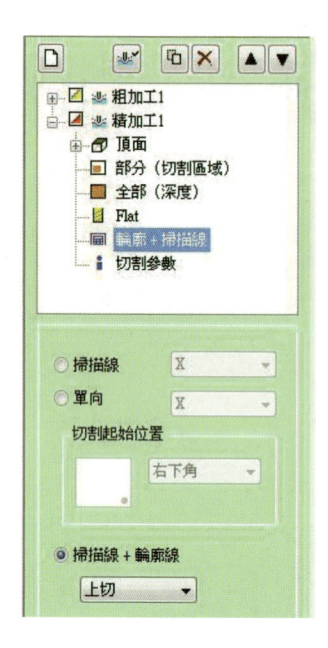

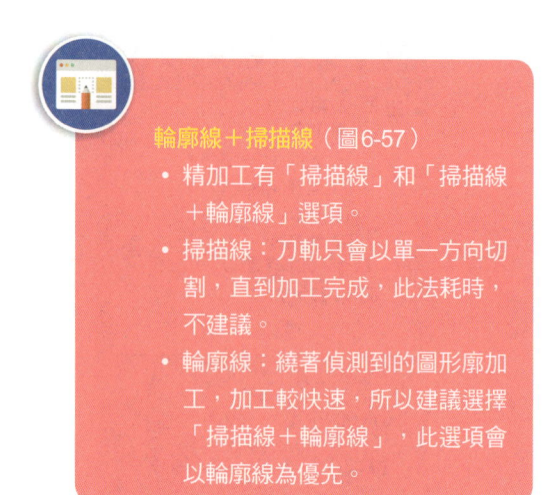

輪廓線＋掃描線（圖6-57）

- 精加工有「掃描線」和「掃描線＋輪廓線」選項。
- 掃描線：刀軌只會以單一方向切割，直到加工完成，此法耗時，不建議。
- 輪廓線：繞著偵測到的圖形廓加工，加工較快速，所以建議選擇「掃描線＋輪廓線」，此選項會以輪廓線為優先。

（圖6-57，設定輪廓線及掃描線，吳宗亮提供）

● 設定加工軌跡（圖6-58）

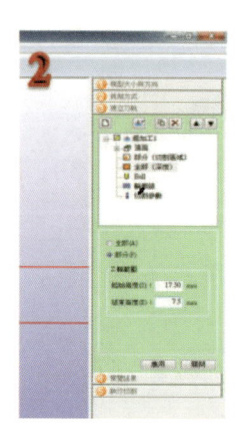

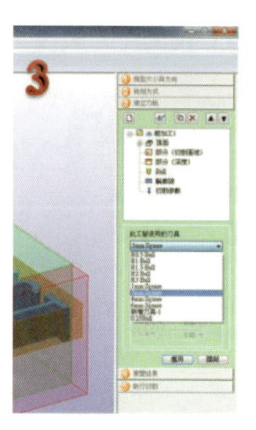

切割區域：	深度：	使用的刀具：	輪廓線：
設定 X、Y 軸（照軟體設定）	設定物件起始、結束高度	3 mm Square（選擇實際使用刀具）	設定使用上切（順加工）

（圖6-58，設定加工軌跡，吳宗亮提供）

6-32

(12) 關閉編輯 & 建立刀軌（圖6-59）。

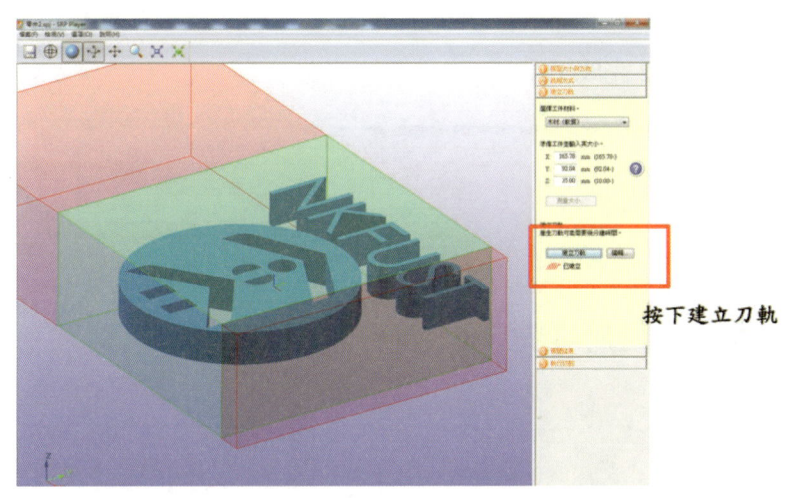

（圖6-59，設定結束並建立刀軌，吳宗亮提供）

(13) 顯示模型（預覽結果圖樣圖6-60）。

當設定都完成後，就跳出編輯，按下建立刀軌，接下來預覽結果，利用預覽切割功能來看成品模擬狀況。可藉此方法檢查加工的正確性以及時間，確定無誤即可開始加工。

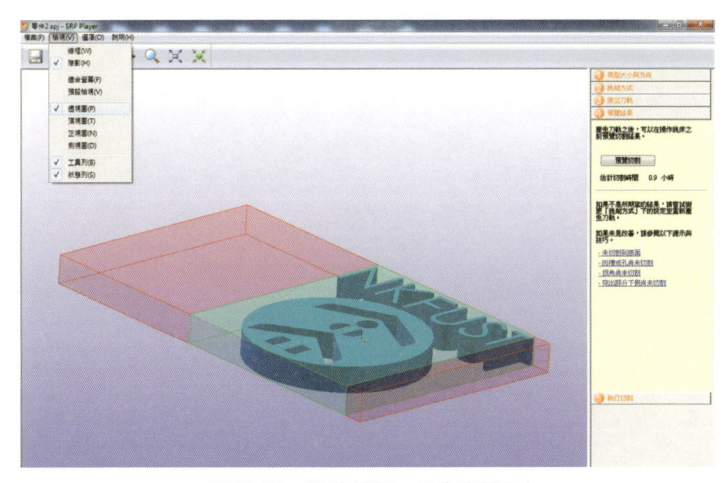

（圖6-60，預覽模型，吳宗亮提供）

6-33

創意實作 ▶ CNC 控制金屬減法加工

(14) 確認刀具並開始切割（圖6-61）。

(15) 切割完畢用吸塵器把木屑清除。

(16) 完成（圖6-62 完成工件）。

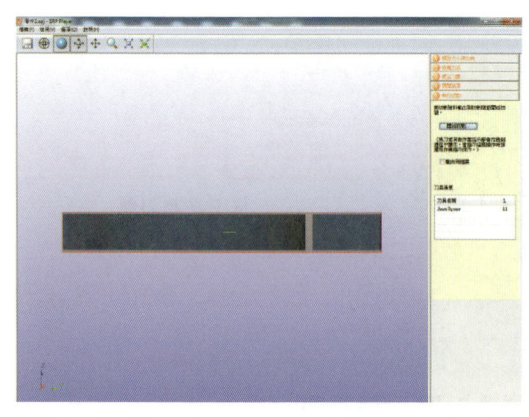

（圖6-61，刀具確認並開始切割，吳宗亮提供）　　（圖6-62，完成工件，吳宗亮提供）

養成做筆記的習慣，把生活上觀察的小事情記錄下來！
創意也跟著來囉～

創意實作 ▶ CNC 控制金屬減法加工

養成做筆記的習慣，把生活上觀察的小事情記錄下來！
創意也跟著來囉～

養成做筆記的習慣，把生活上觀察的小事情記錄下來！
創意也跟著來囉～

國家圖書館出版品預行編目資料

創意實作—Maker 具備的 9 種技能 ⑥：CNC 控制金屬減法加工 /
吳宗亮編 . -- 1 版 . -- 臺北市：臺灣東華，2018.01

48 面；17x23 公分

ISBN 978-957-483-921-6　（第 1 冊：平裝）
ISBN 978-957-483-922-3　（第 2 冊：平裝）
ISBN 978-957-483-923-0　（第 3 冊：平裝）
ISBN 978-957-483-924-7　（第 4 冊：平裝）
ISBN 978-957-483-925-4　（第 5 冊：平裝）
ISBN 978-957-483-926-1　（第 6 冊：平裝）
ISBN 978-957-483-927-8　（第 7 冊：平裝）
ISBN 978-957-483-928-5　（第 8 冊：平裝）
ISBN 978-957-483-929-2　（第 9 冊：平裝）
ISBN 978-957-483-930-8　（全一冊：平裝）

創意實作—Maker 具備的 9 種技能 ⑥
CNC 控制金屬減法加工

編　　　者	吳宗亮
發 行 人	陳錦煌
出 版 者	臺灣東華書局股份有限公司
地　　　址	臺北市重慶南路一段一四七號三樓
電　　　話	(02) 2311-4027
傳　　　真	(02) 2311-6615
劃撥帳號	00064813
網　　　址	www.tunghua.com.tw
讀者服務	service@tunghua.com.tw
門　　　市	臺北市重慶南路一段一四七號一樓
電　　　話	(02) 2371-9320
出版日期	2018 年 1 月 1 版 1 刷

ISBN　　978-957-483-926-1

版權所有　‧　翻印必究